Ingrid Wurst

W0289548

Papier falten und kleben

Es ist schon faszinierend, was man aus einem einfachen Papierquadrat alles falten kann.
Da wir heute ein unendlich großes Angebot an bunten Papieren finden, sollten wir uns die Zeit nehmen, gemeinsam mit unseren Kindern einfache Arbeiten zu falten. Und Sie werden sehen wieviel Freude es allen macht, aus einem Stück Papier eine Ente oder ein Männchen entstehen zu lassen.
Das Buch soll dazu anregen, Vergessenes wieder aufzufrischen und neue Ideen zu erproben.
Hinterher bieten die Basteleien viele Verwendungsmöglichkeiten. Ob nun zum Verzieren einer Karte, als Tisch- oder Weihnachtsschmuck oder aber auch ganz einfach zum Spielen. Und sollte das Spielzeug bei zu großem Eifer mal kaputtgehen, so ist dies nicht tragisch, denn es läßt sich ja schnell wieder ersetzen.
Zum Falten können wir Origami-Papier verwenden. Doch auch andere hübsche Papiere eignen sich dafür, beispielsweise Geschenkpapier. Beim Kauf sollten wir nur darauf achten, daß das Papier streichfest ist, also beim Falten nicht reißt. Am besten eignen sich deshalb dünne Papiere.
Wenn wir selber ein Quadrat zuschneiden, muß die Form genau abgemessen werden, damit die Figur hinterher stimmt.
Beim Falten legen wir das Papier auf eine feste Unterlage und falten jeden Knick möglichst genau.
Dann kann eigentlich nichts mehr schiefgehen. Sollte dennoch mal eine Faltarbeit mißlingen – gleich nochmals probieren. Beim zweiten Mal klappt es dann besser. Denn Übung macht den Meister.

ISBN 3-7724-1099-5 · Best.-Nr. 1099 · © Copyright 1986 by Frech

12. 13. Auflage
Erste Zahl maßgebend

frech-verlag

Jahr: 1993 92
Letzte Zahl maßgebend

Printed in Western Germany · Druck: Frech, Stuttgart-Weilimdorf

Hühner und Hasen

Hühner

Dazu nehmen wir Tonpapier in beliebiger Farbe. Wollen wir die Hühner auf den Ostertisch stellen, wählen wir die Farbe passend zum Geschirr.
Für den Körper schneiden wir einen Kreis, ∅ = 6 cm.

1. Zwei Diagonale falzen, den Kreis umdrehen, danach die Mittellinie falten.
Die gepunkteten Flächen rechts und links nach innen falten. Dadurch erhalten wir die Form 2.

2. Anschließend bei Form 2 die obere Ecke abschneiden.

3. Für den Kopf benötigen wir zwei Kreise, ∅ = 1,5 cm. Die Kreise gegeneinanderkleben, zuvor jedoch den Körper dazwischenschieben.
Zuletzt Kamm, Schnabel, Flügel usw. befestigen.

Hasen *(Abb. siehe Seite 4)*

Die Bastelanleitung der Hasen bleibt dieselbe, wie bei den zuvor beschriebenen Hühnern.
Für den Hasenkopf schneiden wir jedoch einen etwas größeren Kreis (∅ = 1,8 cm).

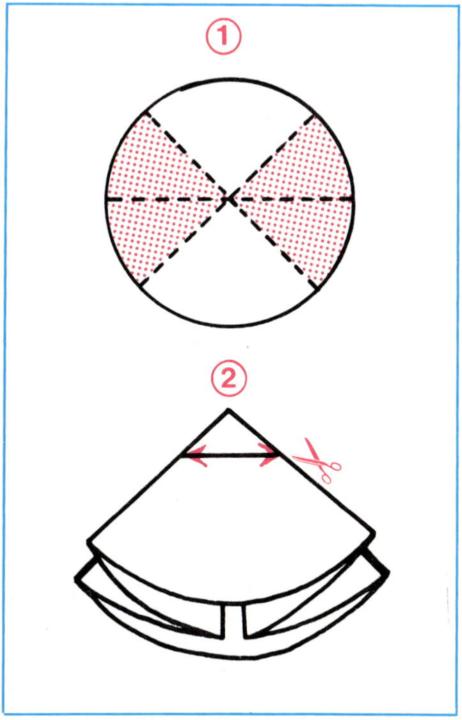

Wir falten eine Mützenfalte

Diese Faltart benötigen wir z.B. bei den Enten, den Hunden oder dem Pfau.

1. Entlang der gestrichelten Linie die Form vorfalten.

2. Das heißt: Wir falten die linke Spitze nach oben.

3. Die Figur wieder öffnen und diese am entstandenen Knick so nach hinten umlegen, daß die Innenseite nach außen schaut.

4. Die Mützenfalte ist fertig.

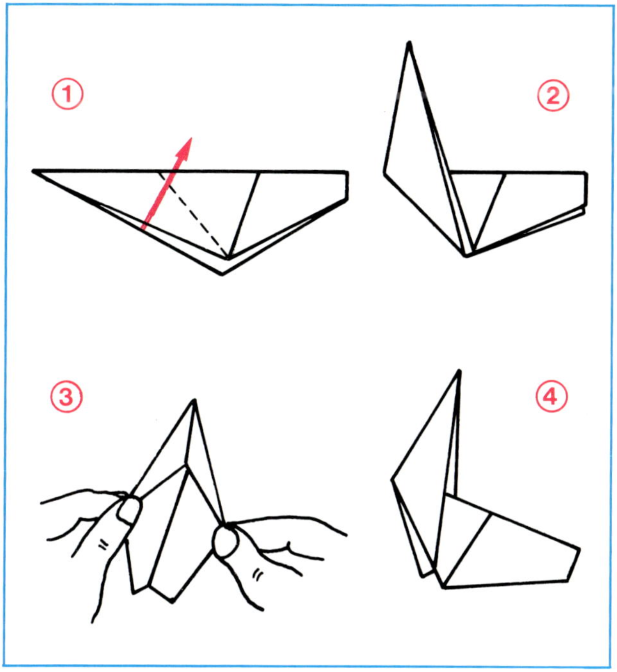

Wir falten eine Tütenfalte

Diese Faltart werden wir zu mancher Arbeit benötigen. Die Tütenfalte dient als Schnabel, oder als Fuß, z.B. bei einem Männchen.

1. Die je nach Anleitung gefaltete Form entlang der gestrichelten Linie vorfalten.

2. Das heißt, die obere Spitze nach links falten.

3. Die Form wieder öffnen und diese am entstandenen Knick nach innen schlagen.

4. Der Schnabel ist fertig.

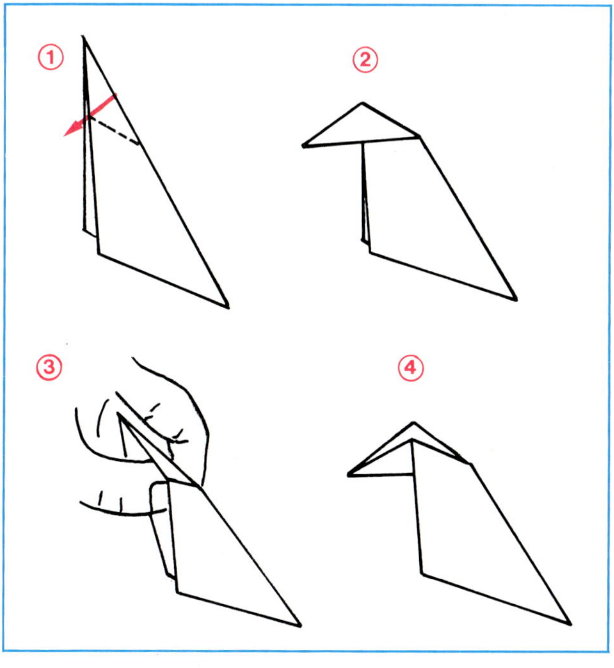

Hahn und Hühner

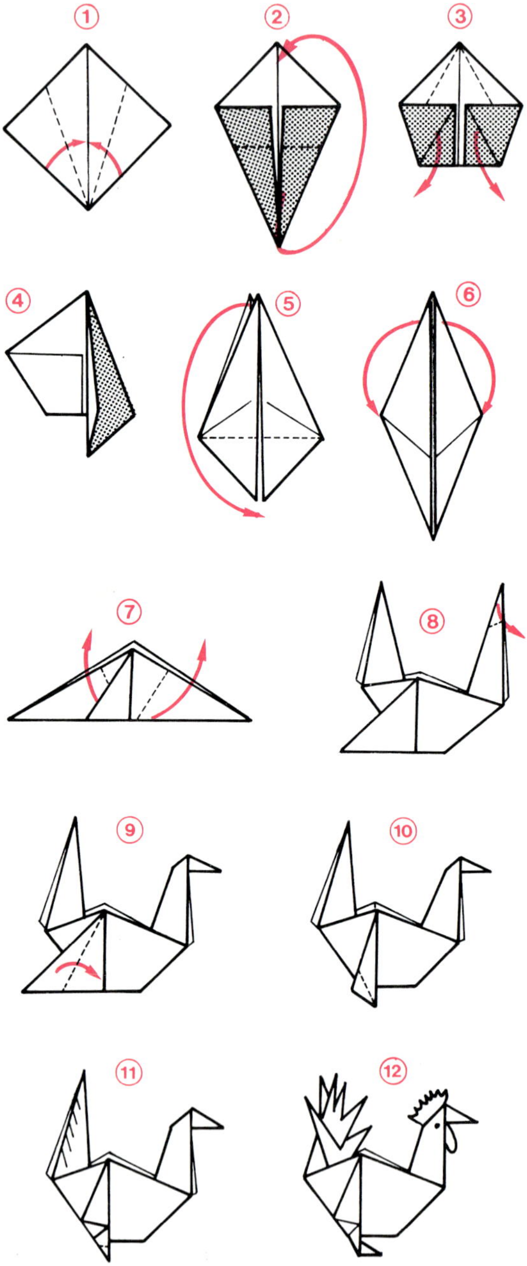

1. Wir schlagen die rechte und linke Unterkante auf den vorgefalzten Mittelpunkt.

2. Die untere Spitze zur Hälfte nach hinten knicken.

3. + 4. Mit dem Finger in die rechte Ecke fahren, das Ganze dabei nach unten ziehen und festdrücken. Ebenso die linke Ecke.

5. Entlang der gestrichelten Linie vorfalten; hintere Spitze in Pfeilrichtung nach unten schlagen.

6. Die Figur umdrehen und zur Mitte falten. Wir erhalten Form 7, und legen sie so, daß die Spitze nach oben schaut.

7. Den Schwanz und den Hals vorfalten (siehe gestrichelte Linie). Beide Spitzen wieder öffnen und am entstandenen Knick nach innen falten.

8. Den Schnabel ebenfalls vorfalten und nach hinten falzen.

9. Für die Beine knicken wir die Kante nach rechts auf die vorgegebene Mittellinie.

10. In Pfeilrichtung und entlang der gestrichelten Linie die untere Kante nochmals nach oben falten.

11. Die untere Spitze nach oben vorfalten, das Ganze öffnen und als Fuß nach rechts einschlagen.
Das Ganze ab Beschreibung Nr. 9 auf der Rückseite wiederholen und festkleben. Den Schwanz des Hahns einschneiden und hinterher auseinanderdrücken.

Osterkörbchen

1. Ein rechteckiges Papier in der Mitte vorfalten. Die rechte und linke Seitenkante zur Mittellinie falzen.

2. Entlang der gestrichelten Linie das Papier nochmals halbieren, die obere und untere Kante zur Mittellinie falten und das Ober- und Unterteil wieder zurückbiegen.

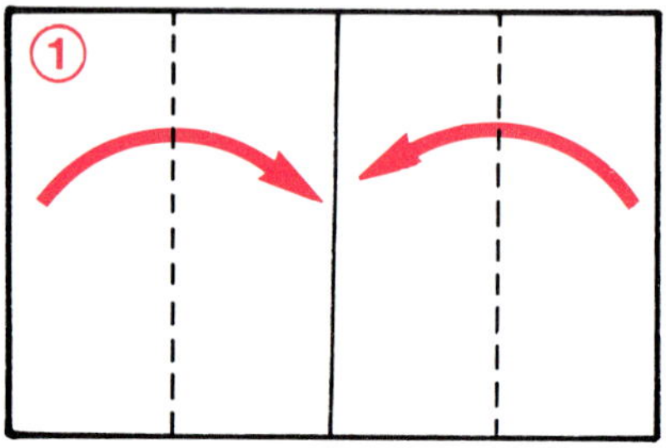

2

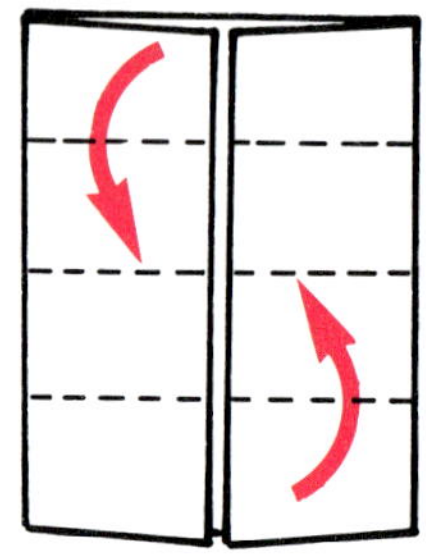

3. Nun falzen wir die vier Ecken gegen die äußeren Faltlinien.

4. Danach legen wir die beiden Ränder in Pfeilrichtung darüber.

3

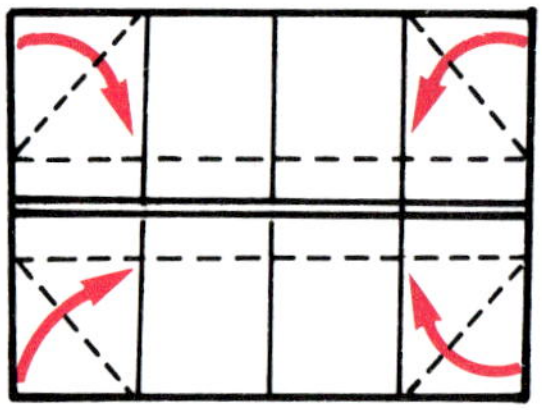

4

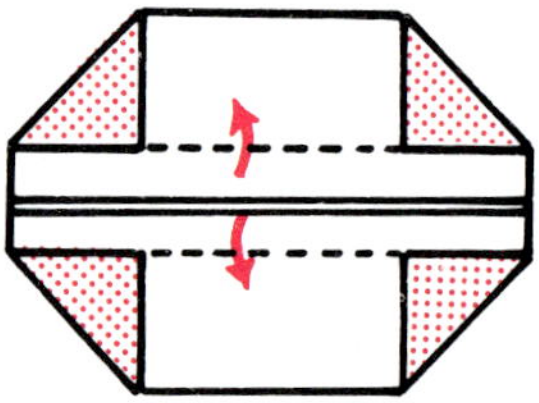

5. Wir stecken Daumen und Zeigefinger in die vier Ecken und drücken dadurch die vier Kanten nach oben.

6. Für den Henkel schneiden wir einen Papierstreifen und kleben diesen an der Korbinnenseite fest.

5

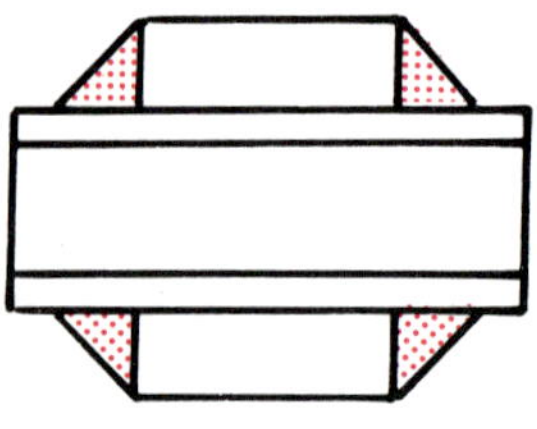

6

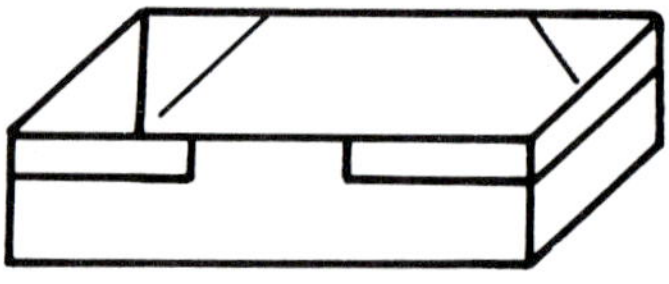

Schmetterling

1. Ein quadratisches Faltpapier zur Mitte falten. Dadurch erhalten wir ein Dreieck, bei dem wir die Mittellinie vorfalten.

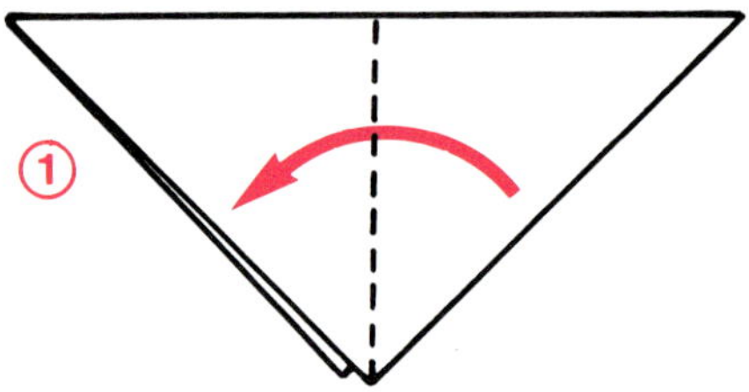

2. Die oberen Kanten zur Mittellinie nach unten falzen.

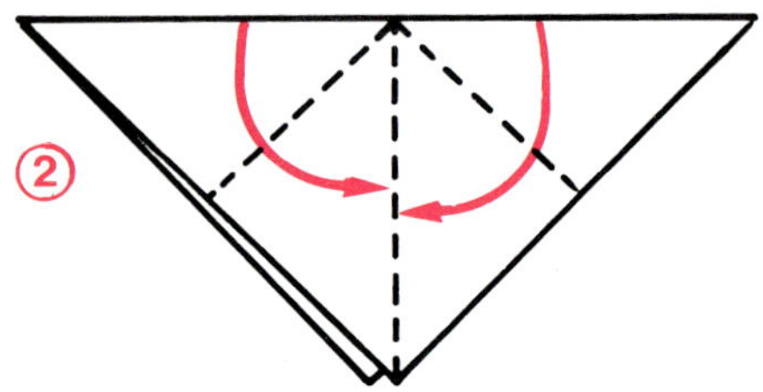

3. Beide Kanten wiederum nach oben falzen.

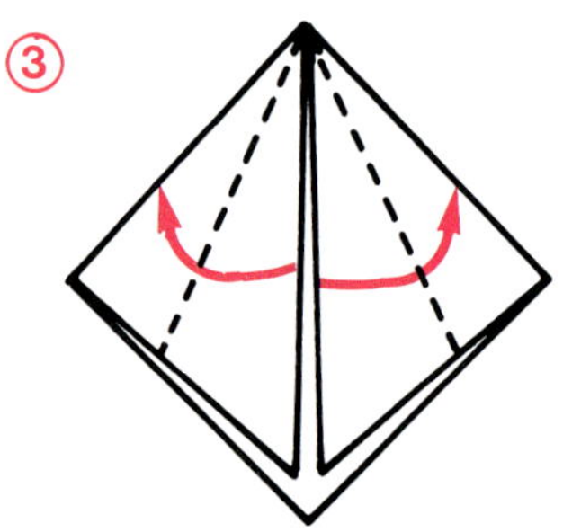

4. Nun haben wir eine Flügelhälfte.

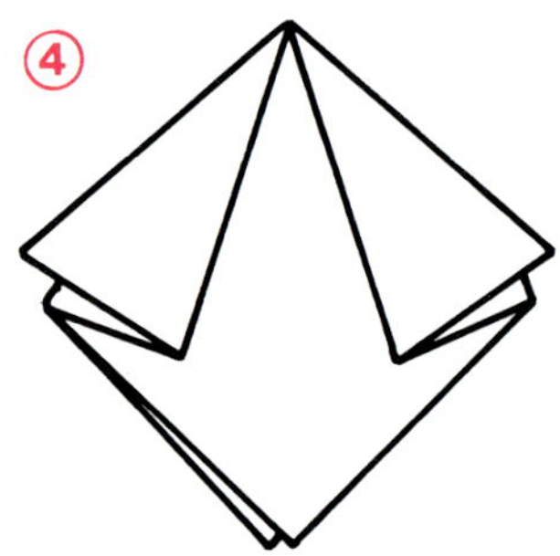

Fertigstellung:
Den Körper 2mal schneiden, Flügel und Fühler dazwischenkleben.

Bewegliche Marienkäfer

1. Für den Marienkäfer benötigen wir einen roten Papierkreis, den wir in der Mitte zusammenfalten.

2. Den Halbkreis in der Mitte vorfalten und wieder öffnen.

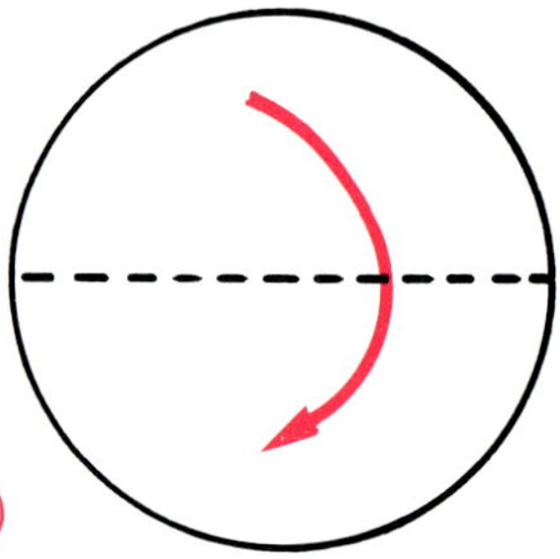
1

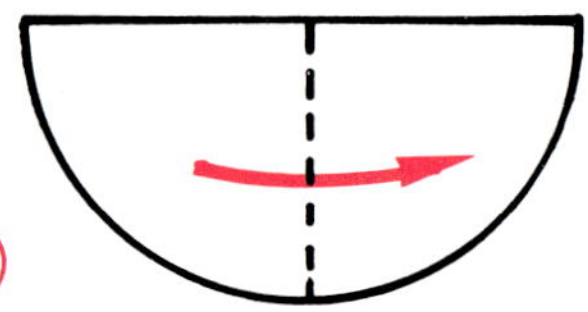
2

3 Das rechte und das linke Kreisviertel mit der oberen Kante zum Mittelbruch herunterfalten.

4. Dadurch erhalten wir die Form von Zeichnung 4.

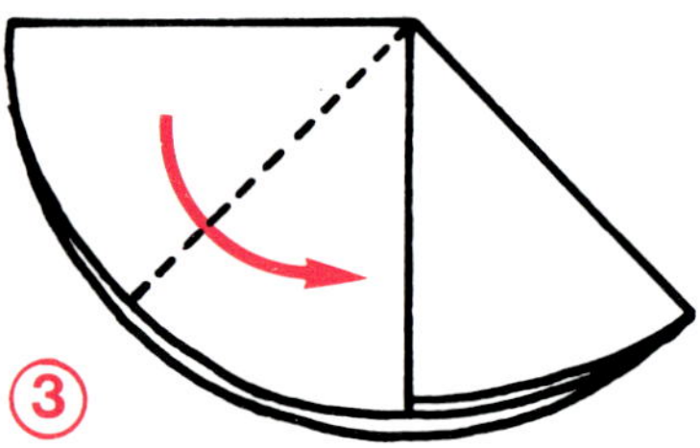
3

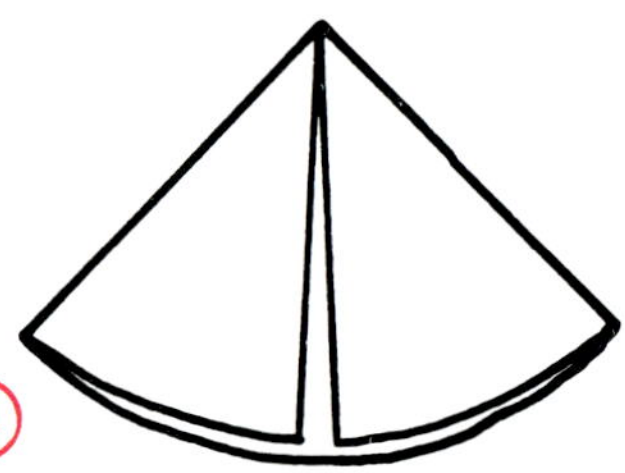
4

Kopf, Fühler, Füßchen und Punkte aus schwarzem Papier aufkleben. Auf grünen Fotokarton ein Blatt malen und mit einer Zackenschere ausschneiden. Den Marienkäfer auf einen Wollfaden kleben, der etwa 2½mal länger als das Blatt sein sollte.
Zwischenzeitlich mit der Lochzange an der oberen und unteren Blattmitte je ein Loch stanzen, durch diese den Wollfaden ziehen und auf der Rückseite verknoten.

Sobald wir nun den Wollfaden auf der Rückseite herauf- und herunterziehen, krabbelt der Marienkäfer vom Stiel zur Blattspitze und wieder zurück.

Hunde

Für den Hund benötigen wir zwei gleich große Quadrate.

1. Ein Papierquadrat so zur Mitte falten, daß ein Dreieck entsteht.

2. Entlang der gestrichelten Linie (siehe Abb. 1) die Ohren nach unten falzen. Die untere Spitze zuerst nach oben falzen.

①

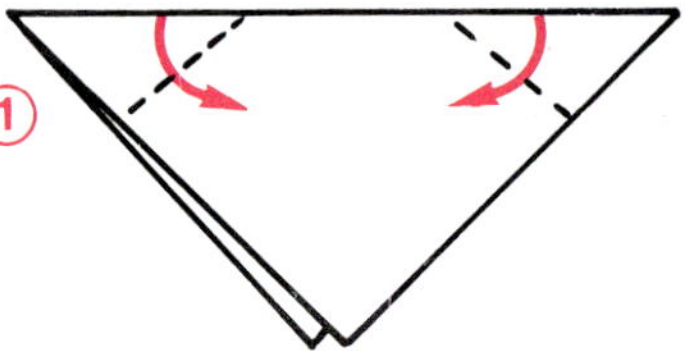

②

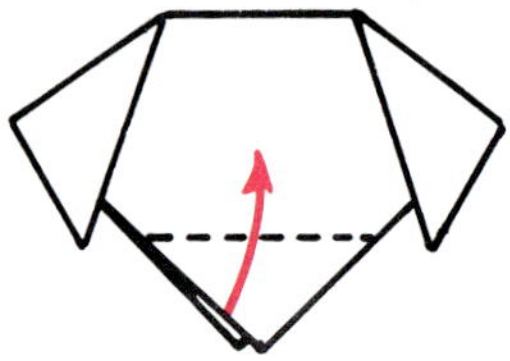

3. Danach zur Hälfte wieder nach unten biegen.

③

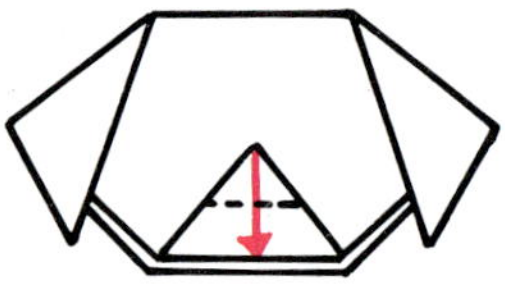

④

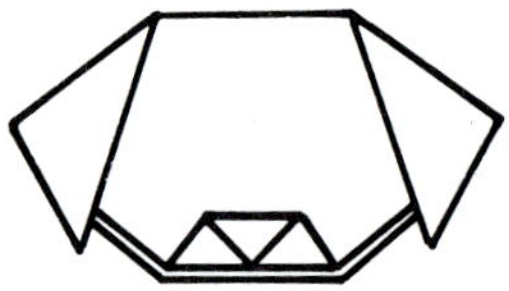

Körper:

Das zweite Quadrat ebenfalls zur Mitte falten. Die rechte untere Ecke nach oben falzen und wieder öffnen. Die Spitze von unten öffnen und nach oben umlegen, so daß die Innenseite nach außen schaut.
Zuletzt den Kopf aufkleben und die Augen aufmalen.

⑤

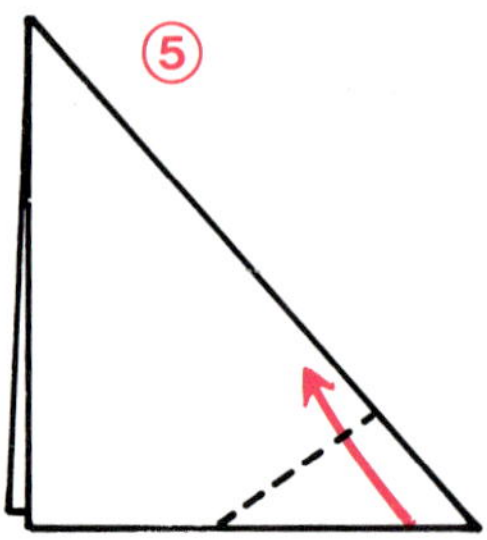

⑥

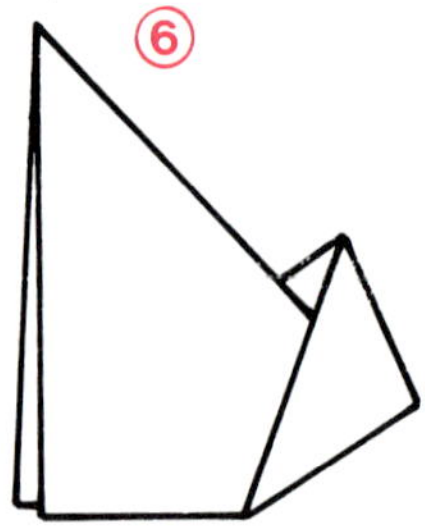

⑦

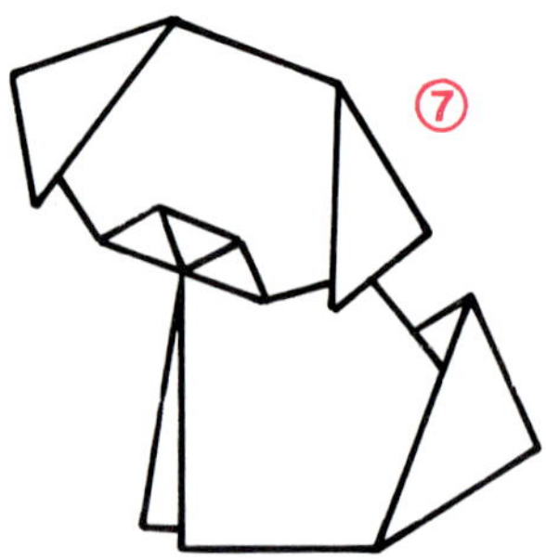

Segelboote

1. Variante

1. Das Papierquadrat zur Hälfte falten, so daß ein Dreieck entsteht.

2. Entlang der gestrichelten Linie die untere Kante schräg nach oben falzen.

3. Dadurch erhalten wir Figur 3.

4. Wir öffnen die Faltarbeit wieder und falten diese so zusammen, daß die Innenseite des Bootes nach außen schaut.

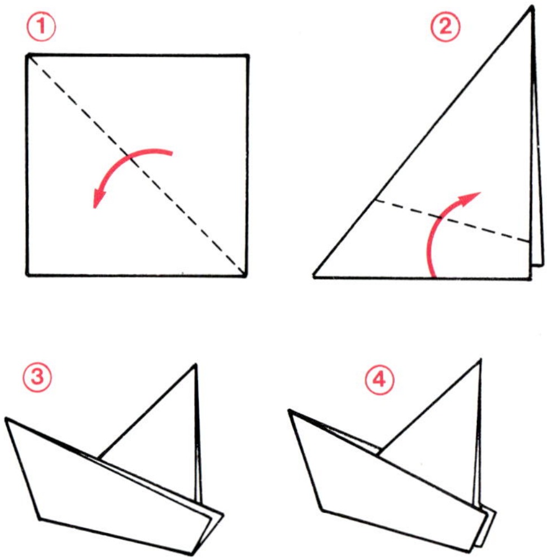

2. Variante

1. Wir falten die rechte und linke Kante auf die vorgefaltete Mittellinie.

2. Alle vier Ecken in Pfeilrichtung zur Mitte knicken.

3. Entlang der gestrichelten Linie alle vier Ecken nochmals auf die Mittellinie falzen.

4. Die untere und obere Ecke auf die Mitte falten.

5. Das Ganze hochziehen und öffnen. Dabei wenden wir das Innere des Modells nach außen und achten darauf, daß die Ecken nicht auseinanderreißen.
Wer aus seinem Boot ein Segelboot basteln möchte, klebt in die Bootsmitte eine Perle, steckt als Mast ein halbes Schaschlikstäbchen ein und befestigt daran das Segel.

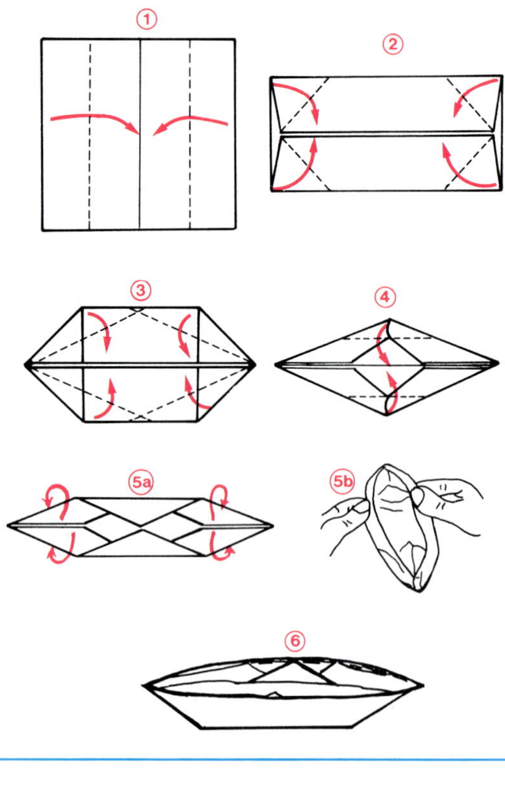

Enten

1. Wir knicken die obere und untere Kante auf die vorgefaltete Mittellinie.

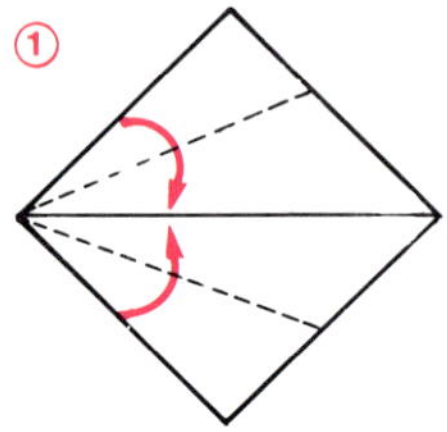

2. Die Drachenfigur in Pfeilrichtung in der Mitte zusammenfalten.

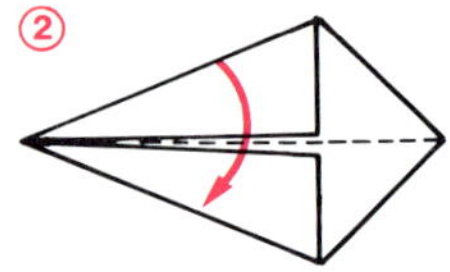

3. Entlang der gestrichelten Linie die linke Spitze nach oben falten.

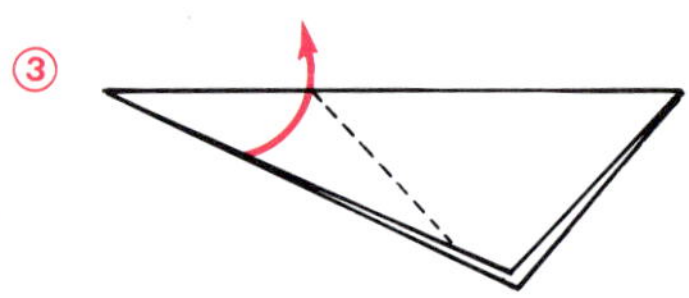

4. Wieder öffnen und die Spitze anschließend am entstandenen Knick nach außen wenden.

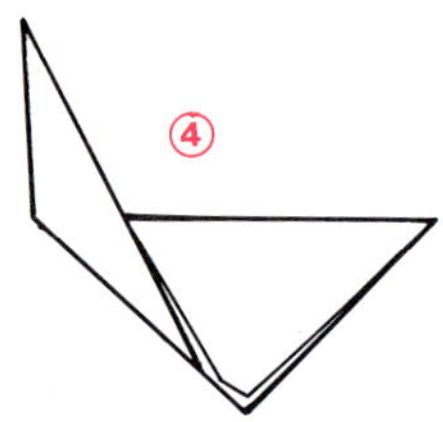

5. Für den Kopf die unterste Linie schräg nach links falten, wieder öffnen und die Spitze so umlegen, daß die Innenseite nach außen gekehrt wird.
An den beiden Hilfslinien (oben) zwei parallele Knicke machen. Den ersten Knick nach innen, den zweiten nach außen falten. Auf diese Weise entsteht der Schnabel.

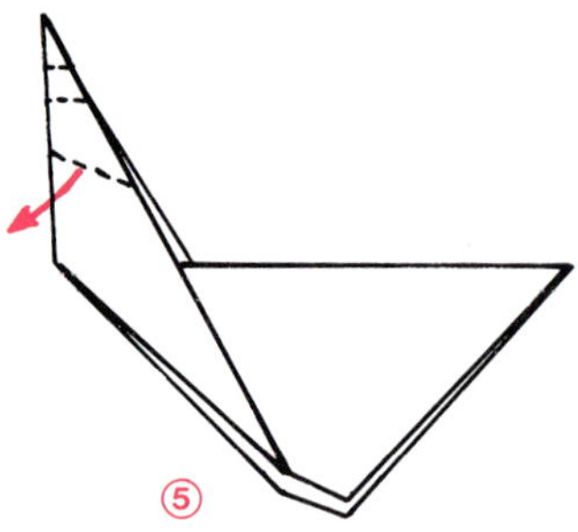

6. Den Schwanz an der aufgezeichneten Linie vorfalten und nach links schlagen.

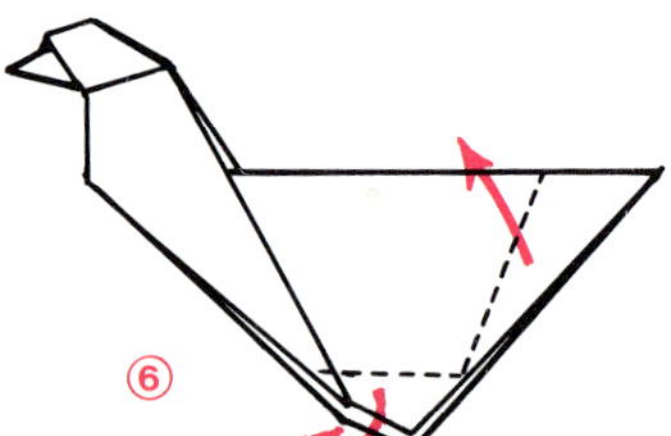

7. Zuletzt die beiden unteren Ecken nach innen falzen.

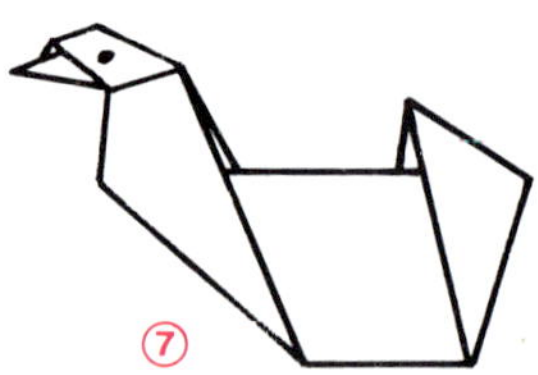

Schweinchen

1. Aus einem Papierquadrat falten wir die Mittellinie und zwei Diagonale.

1

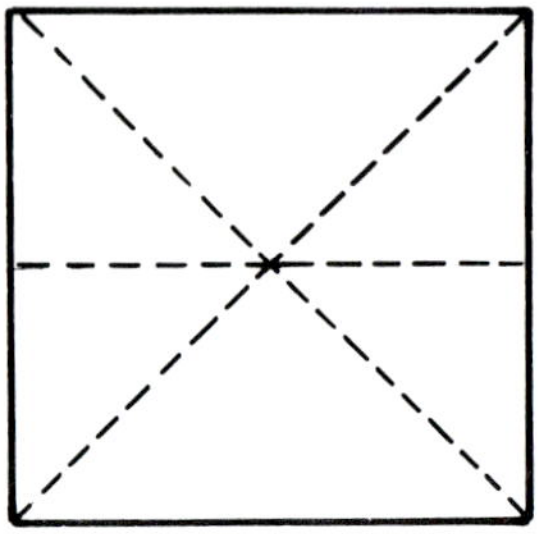

2. Die untere und obere Kante zur Mitte schlagen.

2

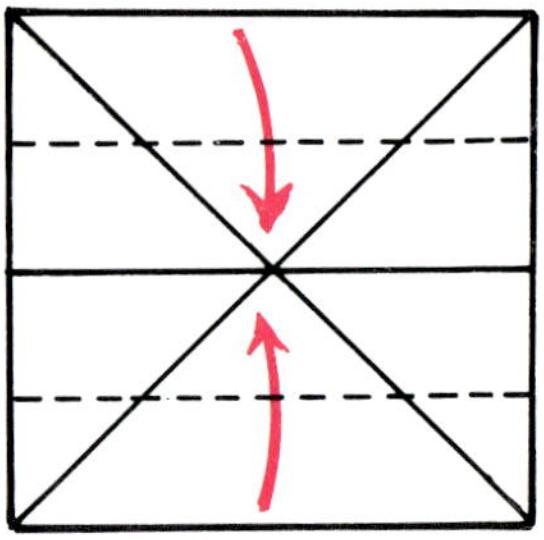

3. Die rechte und linke Seitenkante des entstandenen Rechtecks wird vorgefaltet. Alle vier Ecken zu den Knickstellen falzen. Jede Ecke hochziehen, zu einem Dreieck umlegen und flachdrücken.

3

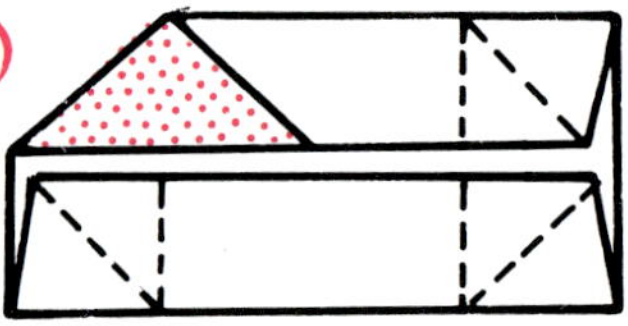

4. Die obere Hälfte nach hinten schlagen.

4

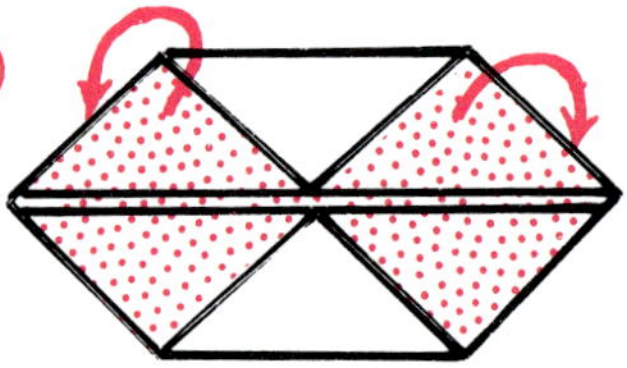

5. Entlang der gestrichelten Linie falten wir beidseitig die Füße.

5

6. + 7. Die eine Ecke für den Kopf vorfalten und nach innen schlagen. Den Schwanz vorfalten, nach innen falzen und danach wieder ein Stück davon herausziehen.

6

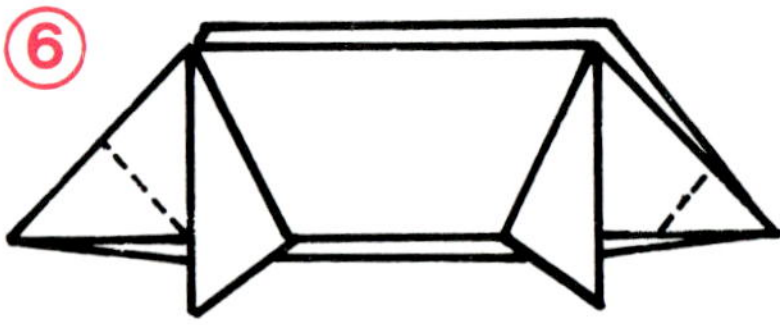

7

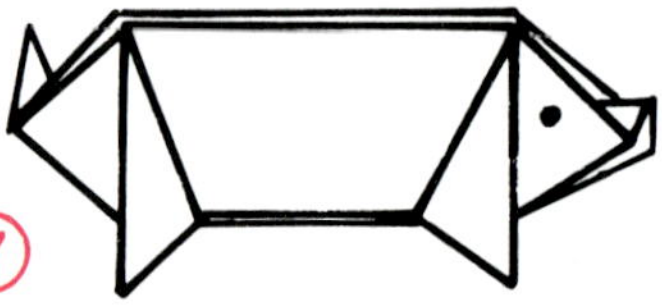

Vögel

1. Wir knicken die linke und rechte Kante auf die vorgefaltete Mittellinie.

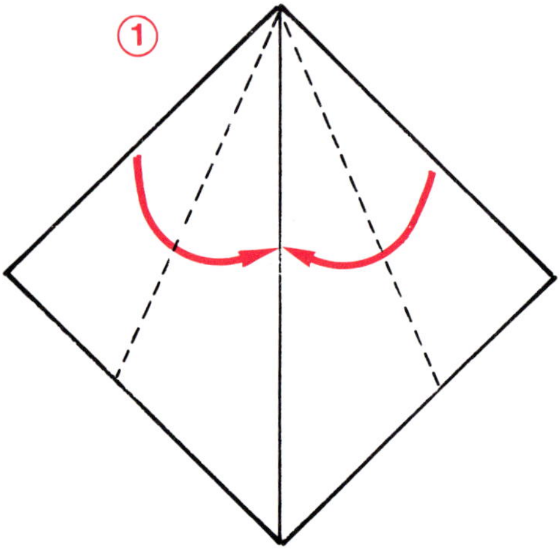

2. Die Drachenfigur in der Mitte zusammenfalten.

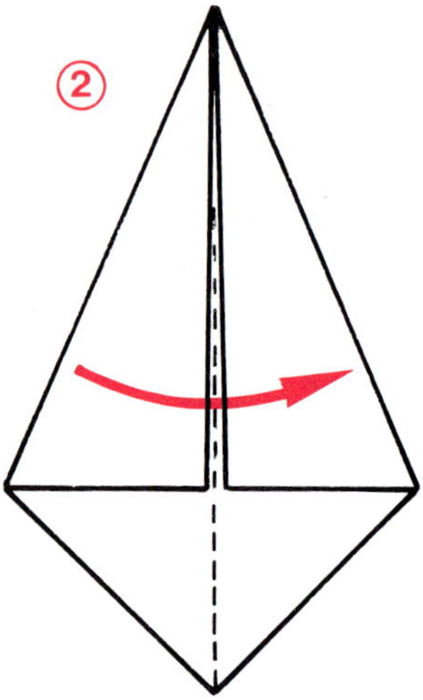

3. Entlang der gestrichelten Linie die obere Spitze nach links falzen und wieder öffnen.

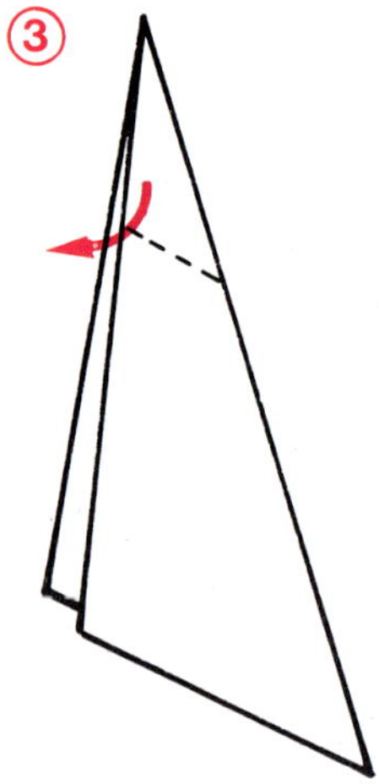

4. An dem entstandenen Knick die Spitze nach innen falten. Durch diese Faltung erhalten wir den Schnabel und den Kopf.

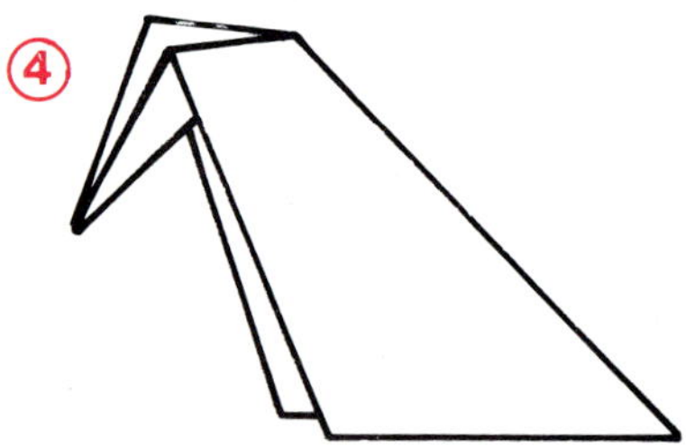

Aus einem kleinen Quadrat falten wir die Füße ebenso und kleben diese mit dem breiten Teil am Körper fest. Für die Augen verwenden wir Markierungspunkte.

Faltschachteln

Für eine Schachtel benötigen wir zwei Papierquadrate, wobei das Quadrat für den Deckel 1 cm größer sein sollte, als das für den Boden.

①
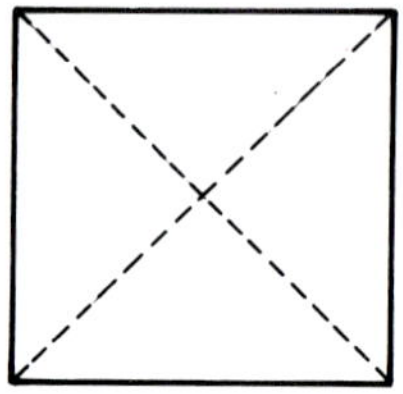

1. Wir falten zwei Diagonale.

②
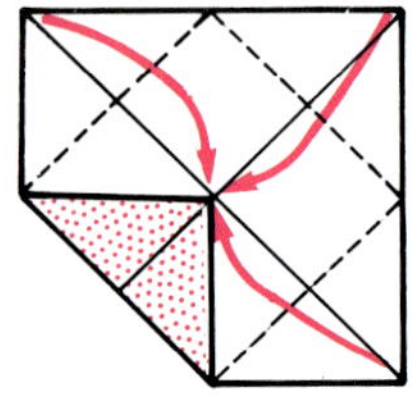

2. Alle vier Ecken zum Mittelpunkt knicken.

③
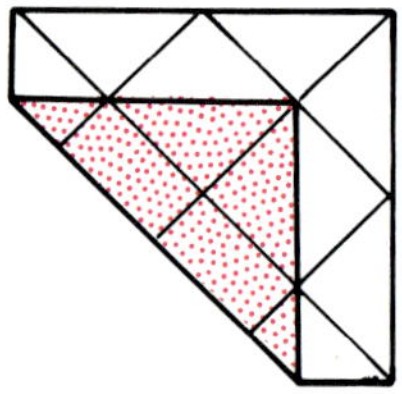

3. Jede Ecke auf die Mittellinie des zuvor entstandenen Quadrats falzen.

④
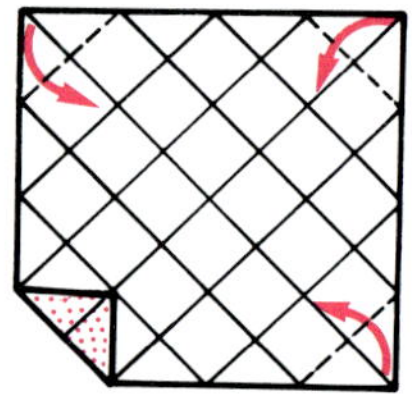

4. Zuletzt die kleinen Ecken einschlagen, dadurch erhalten wir ein Netzgitter.

⑤
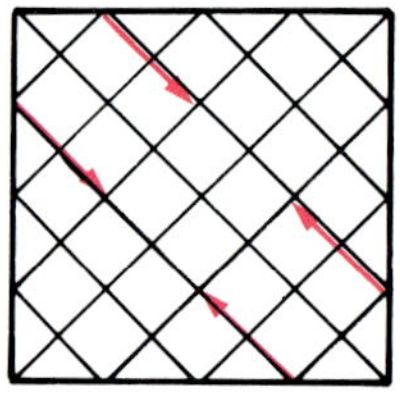

5. Entlang der roten Markierung einschneiden.

⑥
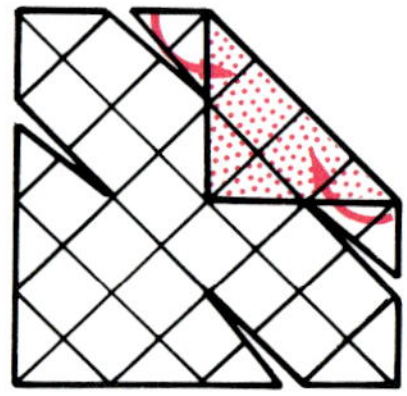

6. Die rechte obere Ecke auf den Mittelpunkt falten, die zwei Falzlinien des Seitenteils nochmals fest zusammenkniffen und dabei die Schachtelwand aufrichten. Dadurch erhalten wir die Form von Zeichnung 7.

⑦
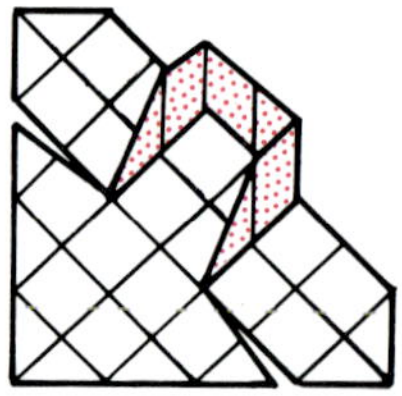

7. Gegenüber die gleiche Faltung wiederholen.

⑧
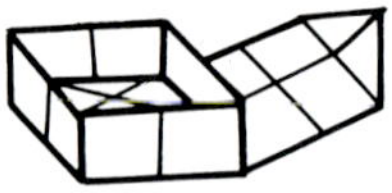

8. Zuletzt schlagen wir die beiden Eckzipfel über die losen Seitenteile hinweg ins Schachtelinnere.

Windmühlen

Für die Windmühle verwenden wir ein zweifarbiges Papierquadrat. Mehrere Windmühlen an einem Stock, oder zu einem Bündel zusammengefaßt, wirken lustiger.

1. Das Papier mit zwei Diagonalen vorfalten.

2. Alle vier Ecken von außen nach innen etwa bis zur Hälfte einschneiden.

3. Nun biegen wir jede Spitze nach innen und kleben sie am Mittelpunkt fest.

4. Damit sich die Windmühle dreht, schieben wir zuerst eine Perle auf ein Nägelchen. Nun durchbohren wir damit den Mittelpunkt der Windmühle, stecken eine zweite Perle dahinter auf und befestigen das Ganze am oberen Stockende. Wer kleinere Windmühlen bastelt, kann auch Schaschlikstäbchen verwenden.

①

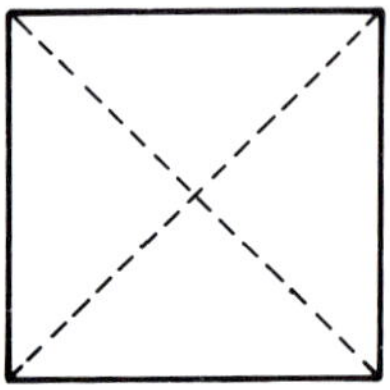

②

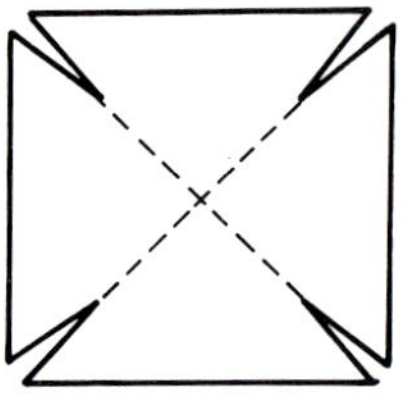

③

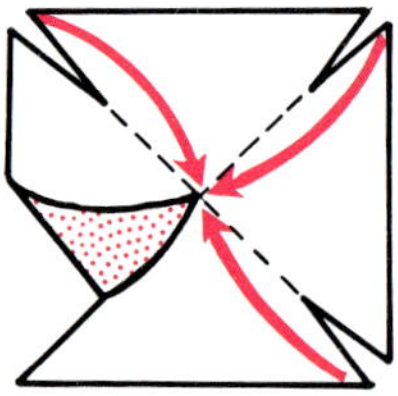

④

①

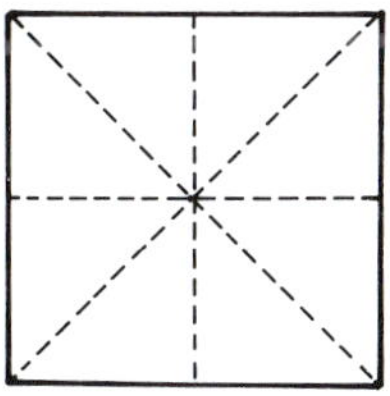

②

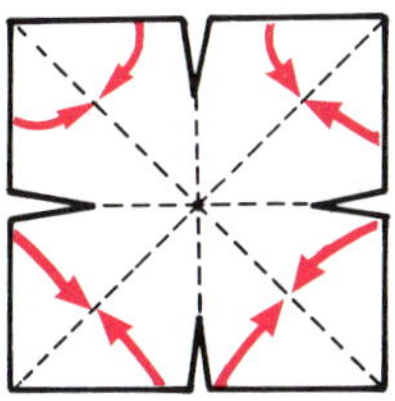

③

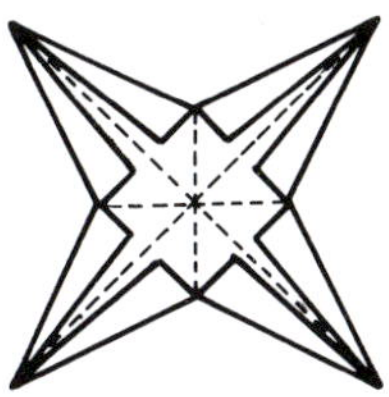

④

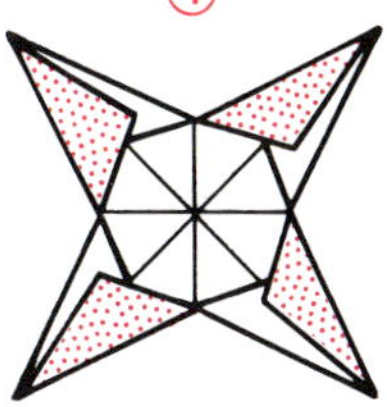

Doppelstern

1. Ein quadratisches Papier waagrecht und senkrecht falten. Das Papier umdrehen und zwei Diagonale falzen.

2. An den vier angezeichneten Strichen etwa bis zur Hälfte einschneiden und die Kanten in Pfeilrichtung zur Mitte schlagen.

3. Dadurch erhalten wir die Figur 3.

4. Die Teile übereinanderkleben. Kleben wir zwei Sterne gegeneinander, so bekommen wir einen achtzackigen Stern.

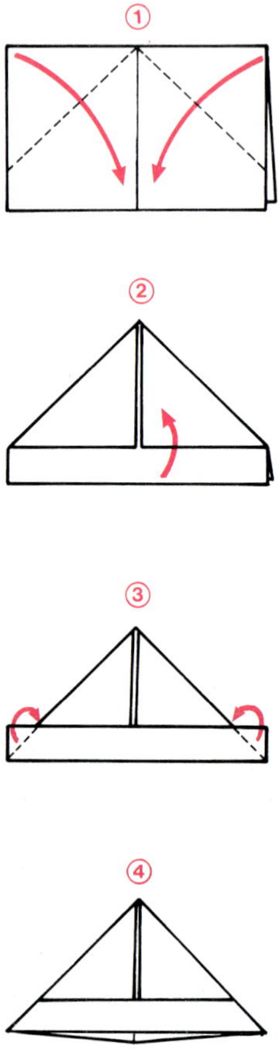

Tannenbäume

Wer kennt sie nicht, die Papierhüte, die wir schon aus Zeitungen gefaltet haben? Heute basteln wir daraus einen Tannenbaum.
Für einen Tannenbaum benötigen wir drei Papierhüte, wobei das Papier für einen Hut eineinhalb mal so lang wie breit sein sollte.

1. Das rechteckige Papier halbieren, die Mittelkante vorfalten und die oberen Ecken zur Mitte nach unten schlagen.

2. Die unteren Kanten auf beiden Seiten nach oben falten.

3. Zuletzt die abstehenden Ecken nach hinten falzen.

Drei Hüte kleben wir jeweils mit der Spitze aufeinander. Aus einem Halbkreis formen wir eine Tüte und befestigen diese als Stamm.

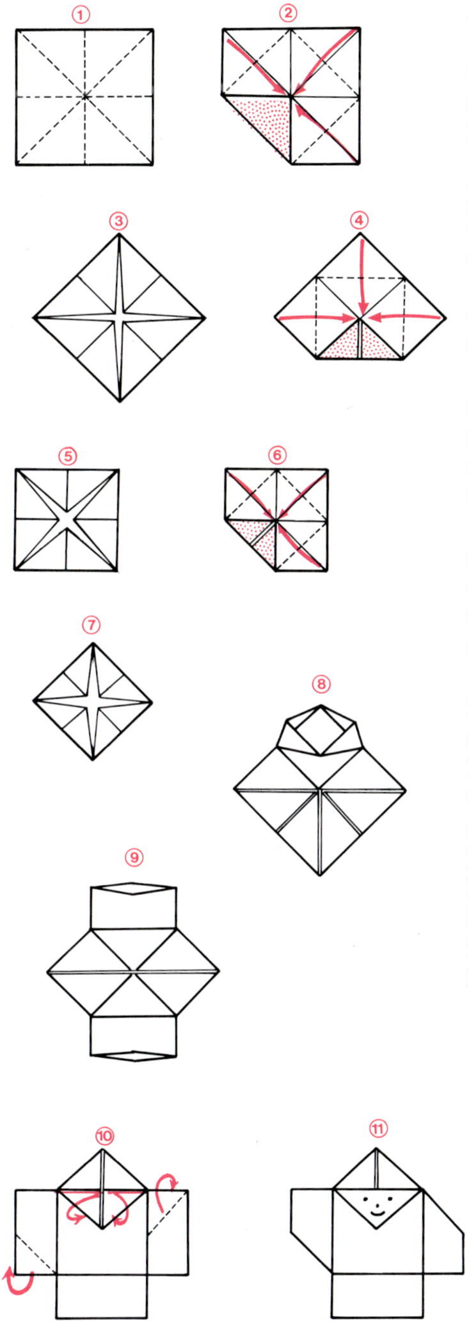

Nikolaus

1. Für den Nikolaus benötigen wir ein quadratisches Papier, wobei wir 2mal die Mittellinie und 2mal Diagonale falten.

2. + 3. Alle vier Ecken auf den entstandenen Mittelpunkt falten, danach die Form umdrehen.

4. + 5. Nochmals alle vier Ecken zum Mittelpunkt falten und die Form umdrehen.

6. + 7. Nochmals alle vier Ecken zum Mittelpunkt falten und ein letztes Mal die Form umdrehen. Dadurch erhalten wir ein großes Quadrat mit vier kleinen Quadraten.

8. + 9. Wir öffnen eines der Quadrate, indem wir mit beiden Daumen gegen die Mittellinie drücken, es hochschieben und flachdrücken.

10. Auf diese Weise öffnen wir drei Quadrate. Das vierte Quadrat bleibt geschlossen. Für das Gesicht schneiden wir das vierte Quadrat entlang der rot markierten Linie auf und falten die entstandenen Dreiecke nach hinten.
Die Arme an der gestrichelten Linie nach innen falten.
Zuletzt ein Gesicht aufmalen und Watte für Bart und Pelz aufkleben.

Pinguine

Die Pinguine basteln wir aus zweifarbigem Papier.

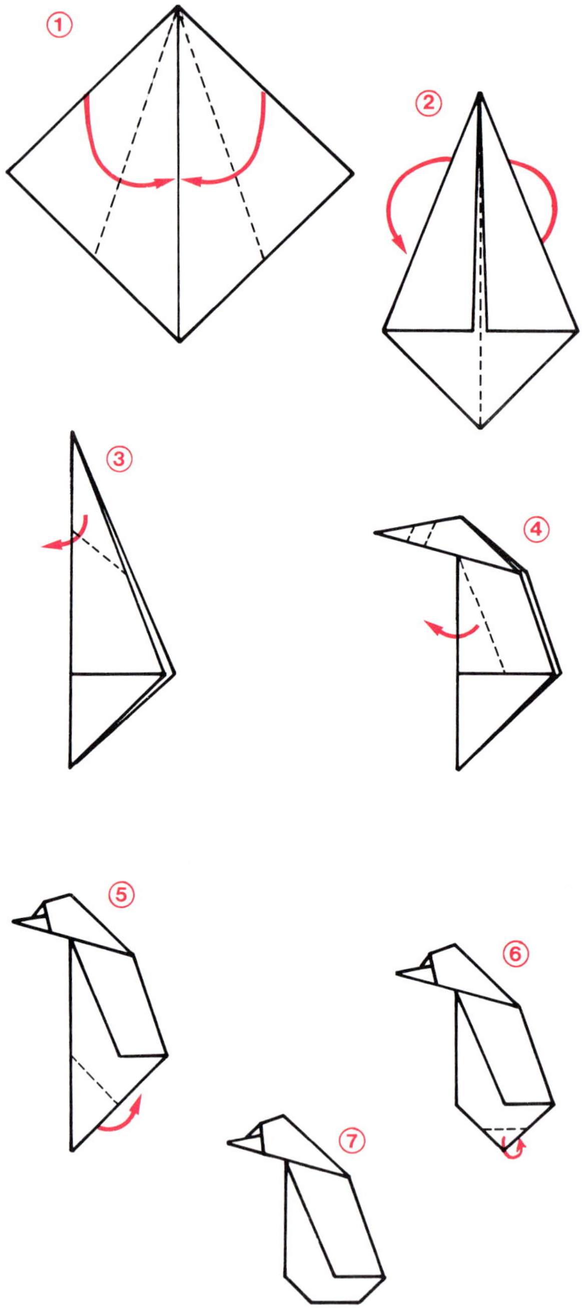

1. Das quadratische Papier wird in der Diagonale vorgefaltet.

2. Wir falzen die rechte und linke Kante zur Mitte und drehen die Faltarbeit um.

3. Die obere Spitze knikken, wieder öffnen und am entstandenen Knick als Kopf nach links falten.

4. An der gestrichelten Linie zwei parallele Knicke machen. Dabei den ersten Knick nach rechts, den zweiten nach links falten. Nun die beiden Flügelteile nach innen schlagen.

5. Zuerst die untere Spitze in Pfeilrichtung nach oben vorfalten, danach nach innen schlagen.

6. Auf beiden Seiten die untere Spitze nach innen falten.

7. Der Pinguin ist fertig.

Igel

Sicherlich ist die Faltanleitung von Himmel und Hölle vielen bekannt.

1. Wir falten eine Senkrechte, eine Waagrechte, danach zwei Diagonale.

①

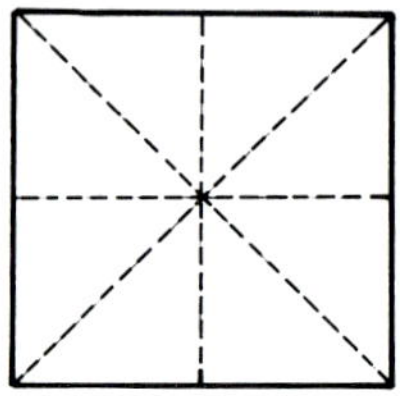

2. Alle vier Ecken zum Mittelpunkt falten.

②

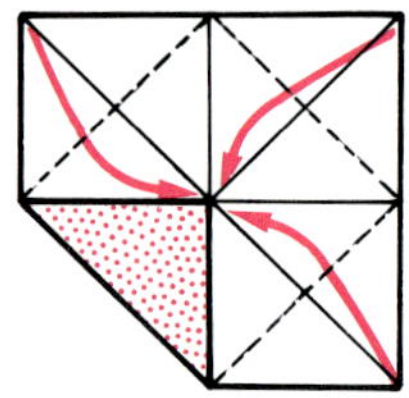

3. Die Form umdrehen.

③

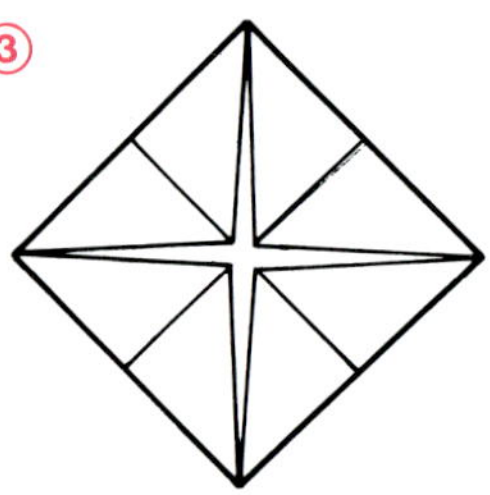

4. Nochmals alle vier Ecken zur Mitte falten. Dadurch sind an der unteren Seite vier Öffnungen entstanden. In diese fahren wir jeweils mit einem Finger hinein und drücken alle vier Spitzen vorsichtig zur Mitte.

④

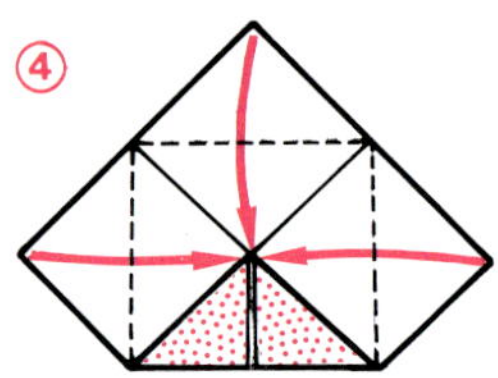

5. Die fertige Form läßt sich öffnen und schließen. Jede Unterseite der Formen bestreichen wir mit UHU-Alleskleber und kleben damit die inneren Seitenteile zusammen.
Für einen Igel benötigen wir vier gleich große Formen von Himmel und Hölle, die wir zu einer Halbkugel zusammenkleben. Beim Vorder- und Hinterteil schlagen wir die unteren Ecken nach oben ein.
Schwarze Perlen verwenden wir für die Augen und das Schnäuzchen.

⑤

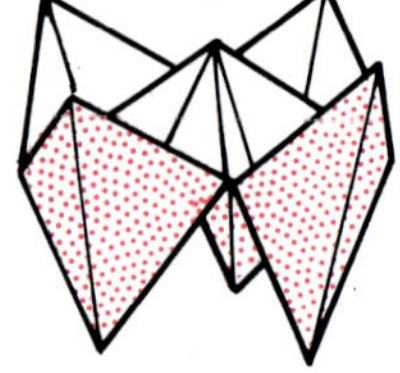

Pferdchen

Für ein Pferdchen benötigen wir zwei gleich lange Papierstreifen, z.B. Tonpapier.
Länge je 30 cm, Breite 3 cm.

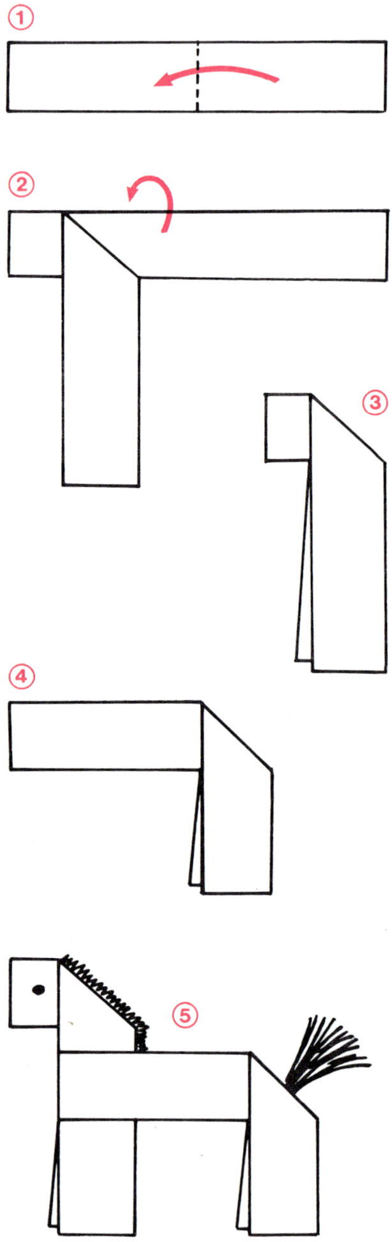

Kopf und Vorderbeine

1. Den Streifen in der Mitte zusammenfalten.

2. Die Streifenhälfte nach unten knicken, die zweite dahinter ebenfalls nach unten kniffen.

3. Dadurch entstehen Kopf, Hals und Vorderbeine.

Körper und Hinterbeine

4. Den zweiten Streifen ebenfalls zur Mitte knicken und die Beinstreifen getrennt nach unten knicken und die Beinstreifen getrennt nach unten falten.

5. Mit UHU-Alleskleber den Hals zwischen den Körperstreifen festkleben. Für die Mähne verwenden wir einen schmalen Papierstreifen, den wir gleichmäßig einschneiden und dazwischenkleben.

Ebenso basteln wir den Schwanz.

Wer eine Giraffe basteln möchte, verwendet zwei verschieden lange, gelbe Papierstreifen, faltet den Hals etwas länger und malt braune Punkte auf.

Pfau

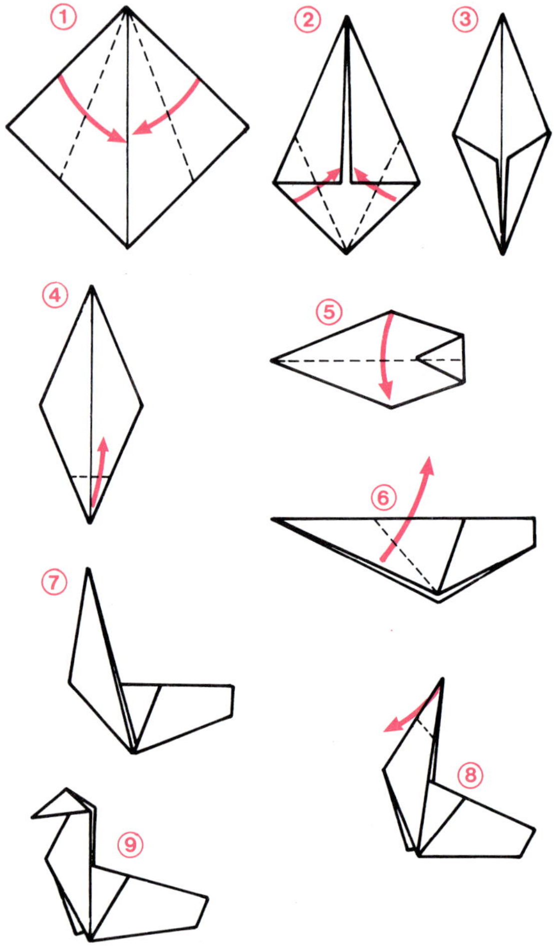

1. Ein quadratisches Papier in der Diagonale vorfalten.

2. Die rechte und linke Ecke zur Mitte knicken. Auch die beiden unteren Kanten (siehe gestrichelte Linie) auf die Mittellinie falten.

3. Dadurch erhalten wir Form 3. Das Ganze umdrehen.

4. Die untere Spitze an der gestrichelten Linie nach oben falten und die Form nach links drehen.

5. Die obere Hälfte entlang der Mittellinie nach unten falten.

6. + 7. Entlang der Markierung die linke Spitze vorfalten, die Spitze von unten öffnen und nach hinten umlegen, so daß die Innenseite nach außen gekehrt wird. (Siehe Erklärung Seite 5.)

8. Wir knicken die obere Spitze, öffnen diese wieder und falten sie am entstandenen Knick als Kopf nach links.

Schwanz:
Für den Schwanz verwenden wir ein viermal größeres Papierquadrat und falten dieses wie eine Ziehharmonika. Wir klappen es in der Mitte zusammen (siehe Zeichnung Schwanz), schieben den Pfauenkörper in der Mitte des Fächers ein und kleben die Fächerkanten in der Mitte zusammen. Das Krönchen falten wir ebenso, jedoch aus einem sehr viel kleineren Quadrat und kleben es hinter den Kopf des Pfaus.

Männchen

1. Ein quadratisches Papier 1 × diagonal falten.

①

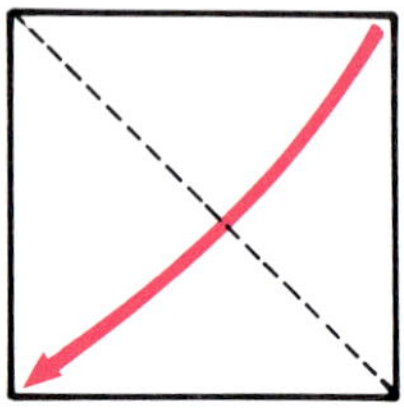

2. Das Dreieck nochmals zur Hälfte falten.

②

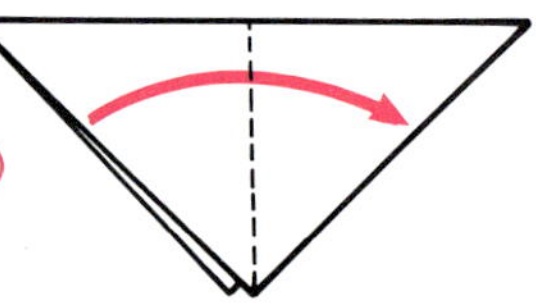

3. Die rechte Hälfte des Papiers senkrecht hochziehen, mit dem Daumen öffnen und auseinanderdrücken. Wir drehen die Form um und wiederholen den Faltschritt.

③

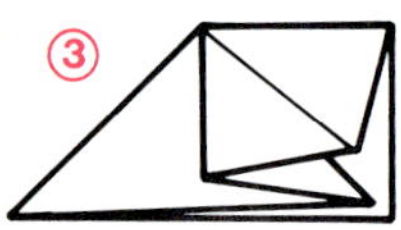

4. Nun falten wir die rechte und linke Kante zur Mitte hin und öffnen das Ganze wieder. Die Form umdrehen und ebenfalls beide Kanten zur Mitte schlagen. Entlang der Markierung die obere Ecke nach unten schlagen. Alles wieder öffnen.

④

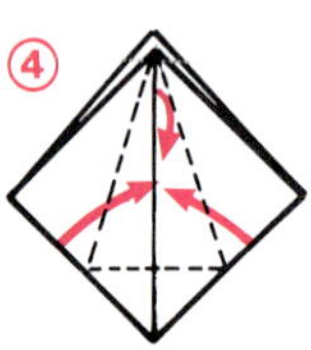

5. Die untere Spitze langsam öffnen und soweit wie möglich hochziehen. Wir drücken die linke und rechte Ecke der Drachenfigur fest nach innen auf die Mittellinie, drehen die Form um und wiederholen den Falzschritt.

⑤

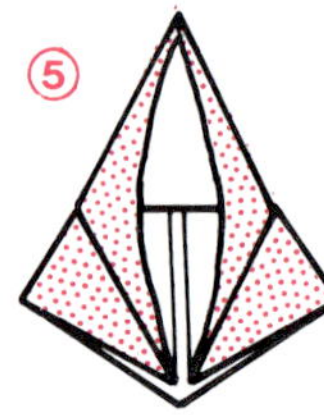

6. + 7. Wir falten die rechte und linke Ecke zur Mitte, drehen die Form um und wiederholen die Faltung. Nun die Form auf beiden Seiten zusammenfalten, d.h. die linke Kante auf die rechte schlagen.

⑥

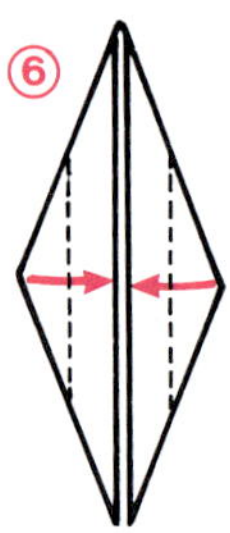

⑦

8. Dadurch erhalten wir Figur 8, bei der wir die obere Ecke nach rechts unten falten, (siehe auch Zeichnung 9).

⑧

9. Wir falten in Pfeilrichtung die obere Ecke auf die untere und erhalten einen Arm. Die Figur umdrehen und alles ab Beschreibung 8 wiederholen.

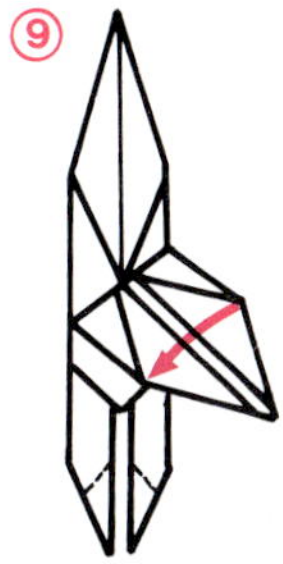

10. Der Körper des Männchens ist fertig.

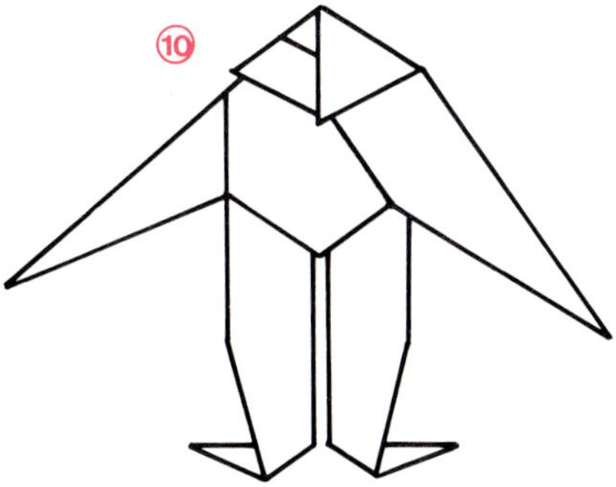

Kopf:

Für den Kopf verwenden wir ein sehr viel kleineres Quadrat.

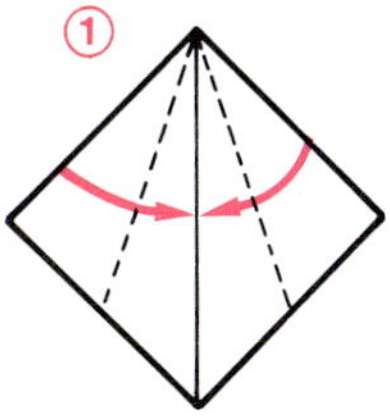

1. Die rechte und linke Kante auf die vorgefalzte Mittellinie falten und festkleben.

2. Wir schlagen die untere Ecke nach hinten.

3. Ein Gesichtchen aufmalen und den Kopf am Körper festkleben.

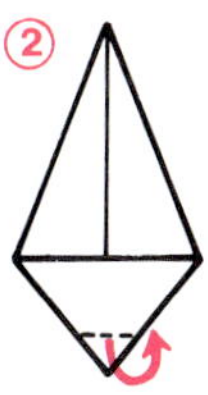

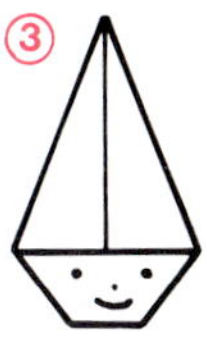

schule

spielwaren

Häuser

1. Wir falten ein Quadrat zur Mitte und erhalten ein Rechteck.

2. Die Mittellinie des Quadrats vorfalten.

3. + 4. Beide Seiten zur Mitte falzen und wieder öffnen.

5. + 6. Die oberen Ecken nach unten falten und wieder öffnen.

7. Die rechte Seite nach innen schlagen und die Querfalte mit dem Daumen öffnen. Danach das Dach flachdrücken. Das Ganze wiederholen wir mit der linken Seite.

Fenster, Türen und Schornstein ausschneiden und aufkleben. Auf diese Weise kann ein ganzes Dorf entstehen.

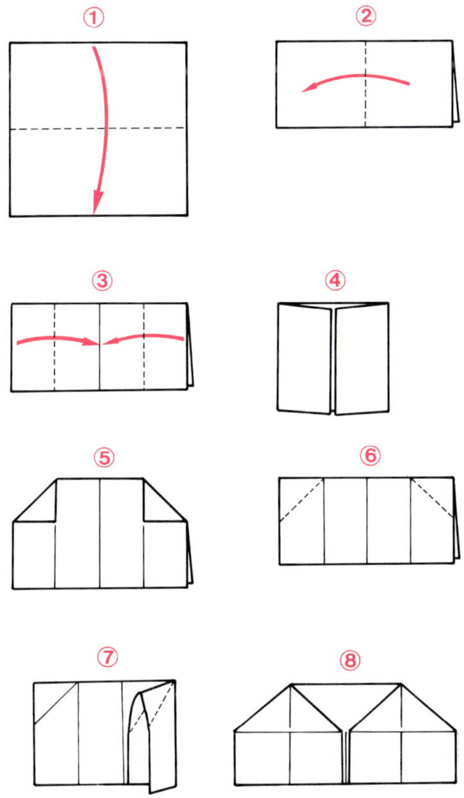

Kirche

Wer zu seinem Dorf eine Kirche falten möchte, sollte dafür ein etwas größeres quadratisches Papier verwenden als für die Häuser.

1. Waagrechte und Senkrechte falten.

2. Entlang dem gezeichneten Strich bis zur Mitte einschneiden und die obere Hälfte nach unten schlagen.

3. Die linke Turmseite nach rechts falten.

4. Turmspitze und Dach vorfalten und nach innen schlagen.

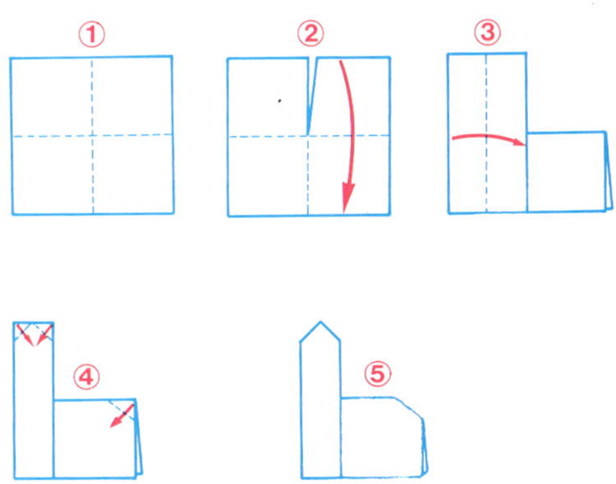

Tür, Fenster und Dach aufkleben. Die Uhr z.B. aus einem Katalog ausschneiden.

Buntstift, Männchen, Maus

Die Figuren auf der Abbildung wurden aus einem Papierquadrat gefaltet mit dem Format 13 × 13 cm.
Wir können sie als Verpackung für ein kleines Geschenk verwenden oder sie als Dekoration auf den Tisch stellen.

1. Die Mittellinie vorfalten, die beiden oberen Kanten zur Mitte falzen und wieder öffnen.

①

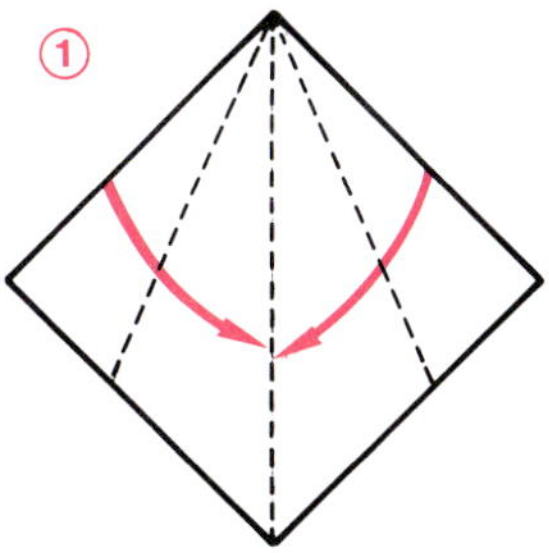

2. Die untere Ecke nach oben schlagen und festkleben.

②

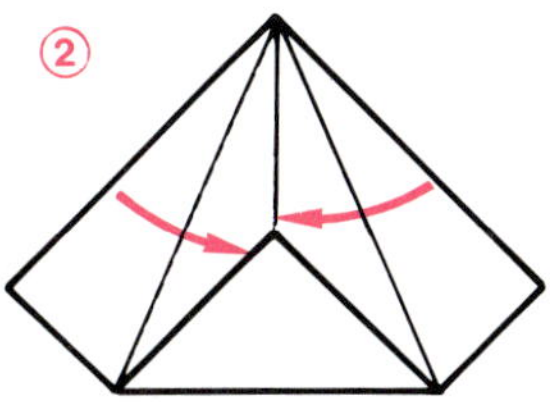

3. Nun falten wir die rechte und linke Ecke darüber, kleben diese ebenfalls fest und drehen das Ganze um.

③

4. + 5. Wir falten die rechte Ecke zum Mittelbruch, ebenso die linke Ecke.

④

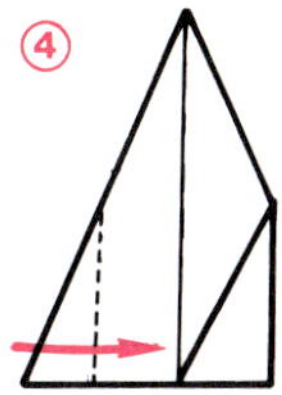

⑤

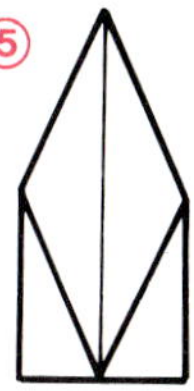

6. + 7. Das Ganze wieder öffnen. Nun die rechte Ecke zur linken Bruchfalte schlagen und wieder öffnen. Ebenso die linke Ecke zur rechten Bruchfalte falzen und wieder öffnen. Dadurch erhalten wir die Seitenteile der Schachtel.

⑥

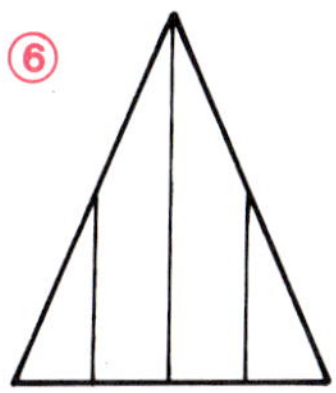

⑦

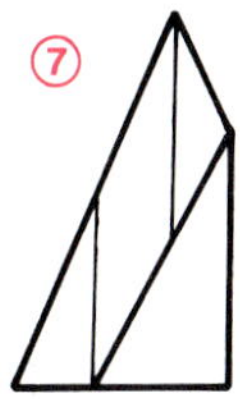

⑧

8. Beide Ecken des Vorderteils übereinanderkleben. Die untere Kante des Bodens mit UHU bestreichen, ein Rechteck aufkleben, trocknen lassen und kantig abschneiden.
Für das Männchen Schuhe ausschneiden und als Boden aufkleben. Je nach Belieben die Figuren ausschmücken.

Fische, Variante 1

1. Wir halbieren das Papierquadrat.

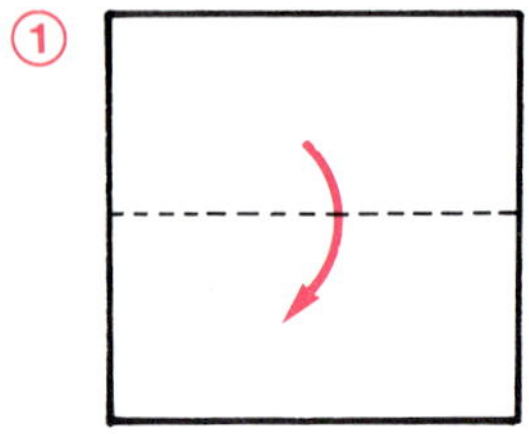

2. Das entstandene Rechteck zu einem Quadrat falten.

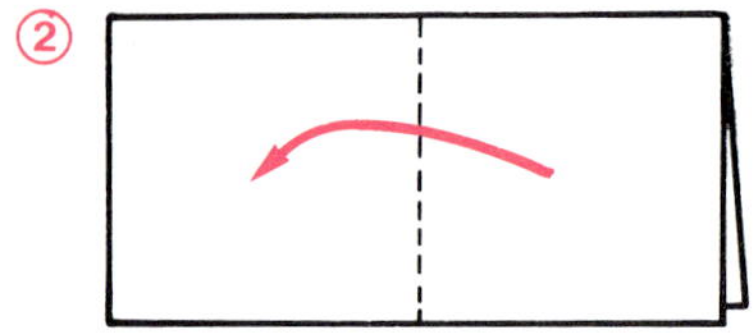

3. Die untere linke Spitze öffnen und nach rechts zu einem Dreieck umfalten.

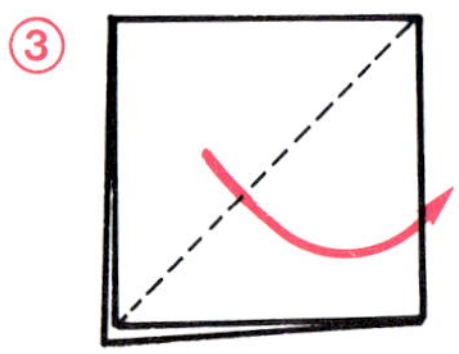

4. Form umdrehen und die gleiche Faltung auf der Rückseite ausführen.

5. Wir biegen die linke Ecke zur Mitte hin.

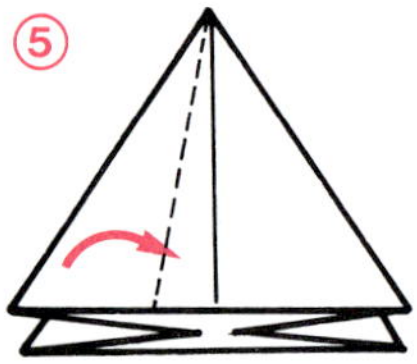

6. Die rechte Ecke falten wir darüber, dadurch entsteht der Schwanz.

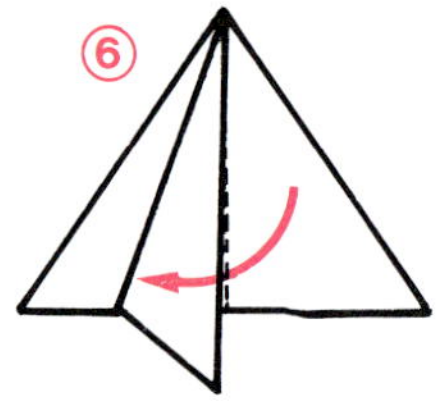

7. Und wir erhalten die Figur 7.

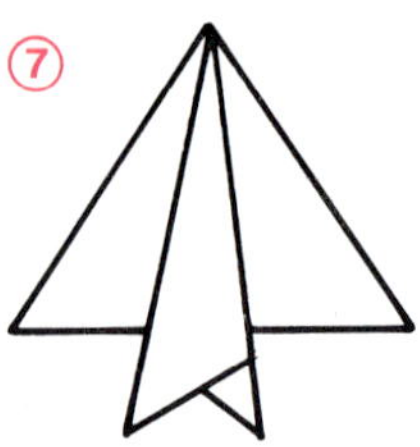

8. Den Fisch umdrehen und ein Auge aufkleben.

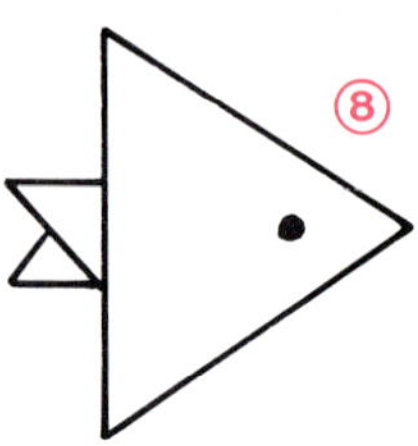

Fische, Variante 2

(siehe Umschlagrückseite)

1. Wir falten zuerst eine Senkrechte und eine Waagrechte, danach zwei Diagonale.

①

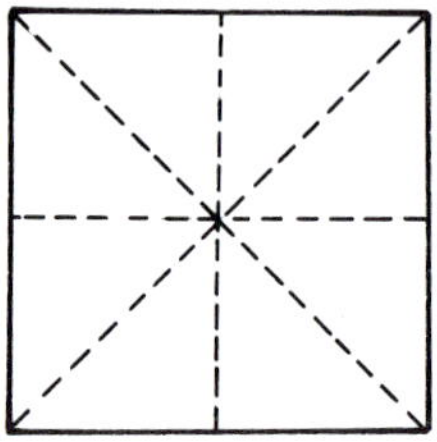

2. Die obere und untere Kante zum Mittelpunkt falzen, ebenso die beiden Seitenkanten.

②

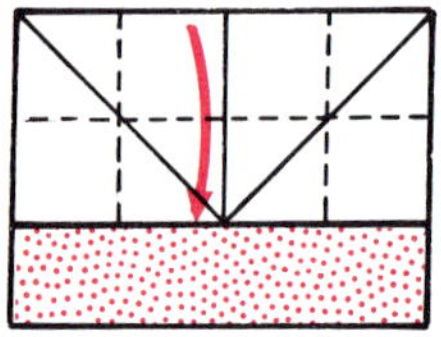

3. Alle vier Ecken zur Mitte falten, davon drei Ecken wieder öffnen. Das Ganze umdrehen.

③

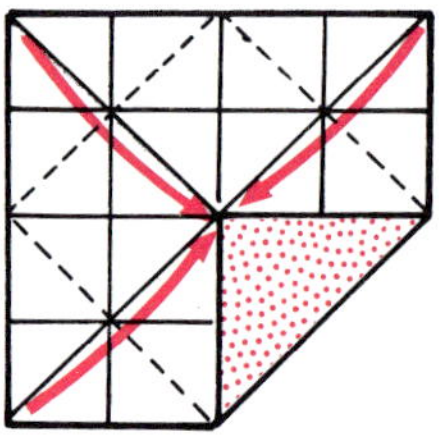

4. Wir knicken die Rot gezeichneten Kanten um und drücken die Ecken nach oben. Dadurch erhalten wir die Form von Zeichnung 5.

④

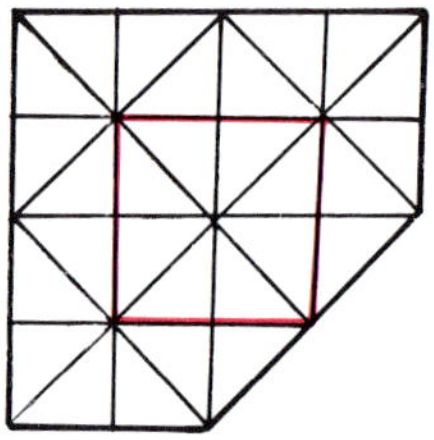

5. Die beiden gegenüberliegenden Ecken werden als Flossen in Richtung Schwanz umgelegt.

⑤

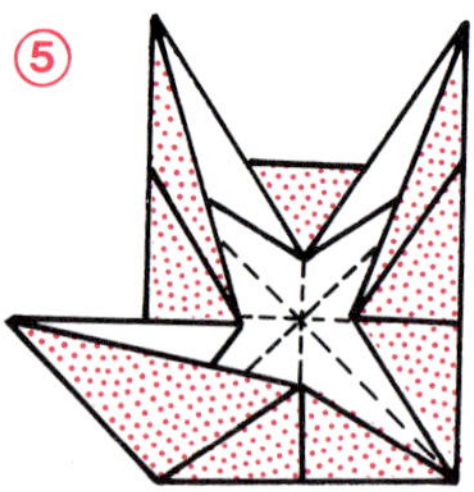

6. Die Schwanzflosse falten wir zuerst nach unten und knicken sie danach zur Hälfte nach oben.

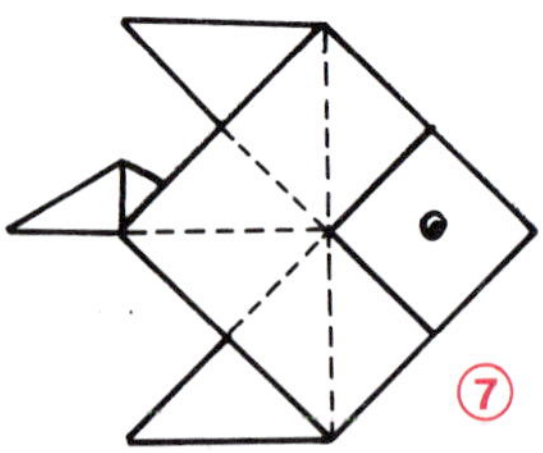

⑥

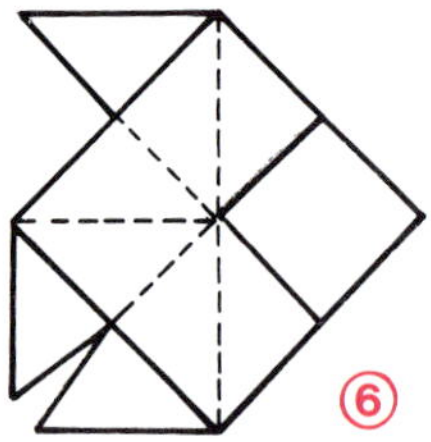

⑦

Wer noch nie einen Fisch gefaltet hat, sollte zum ersten Üben ein größeres Papierquadrat wählen.

7. Den Fisch wieder umdrehen und ein Auge aufmalen.